啊，地震了！

[日]金子章 / 文　[日]铃木守 / 绘　丁丁虫 / 译

青岛出版集团 | 青岛出版社

有一天……

茶
猫粮

摇晃
摇晃
啊，地震了！
好可怕！

摇晃
摇晃
茶

连电视台也在摇晃！

“下面插播一则紧急新闻。

今晚 9 点 03 分左右发生地震，

余震还在持续。”

地震终于过去了。

“爸爸，为什么会发生地震呢？”

“因为我们生活的地球是‘活’的呀。

地球内部的结构很像鸡蛋：地壳相当于蛋壳，

地幔相当于蛋白，地核（分为内核与外核）相当于蛋黄。

地幔在缓缓流动，这种运动叫作‘地幔对流’。

由于地幔对流的存在，地壳会随着地幔的最外层缓慢移动。

这些缓慢移动的岩石组成的坚硬石板，叫作‘板块’。

地幔
地幔对流
约 2900km
外核
约 5100km
地壳厚度：5~70km
板块厚度：5~200km
内核
地球半径约为 6400km

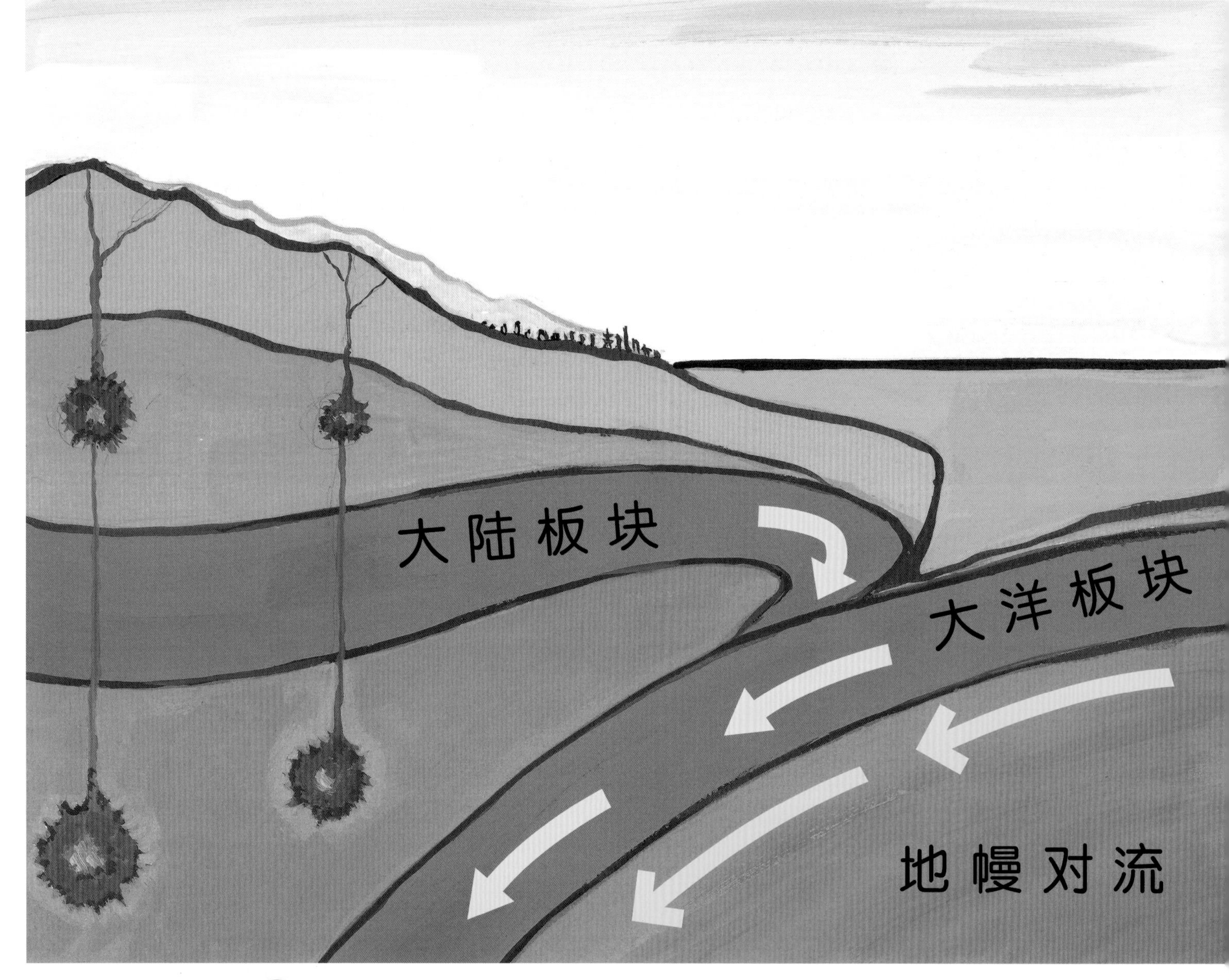

“板块之间会发生碰撞。
当大洋板块俯冲到大陆板块下方时，
大陆板块也会被往下拽。

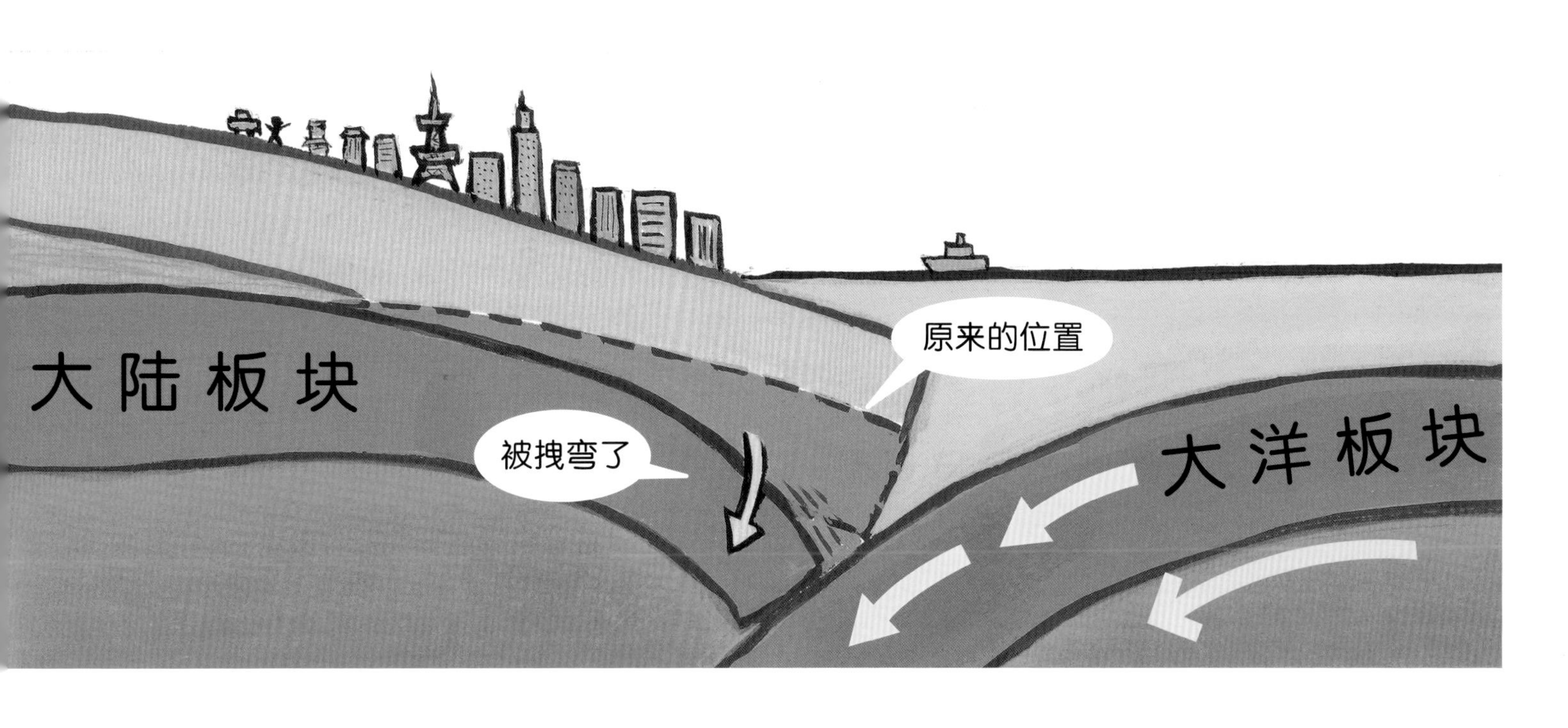

“当大洋板块拽不住大陆板块时，大陆板块便会弹回原来的位置。这时就会发生地震。”

发生地震时，各个地方会出现什么情况呢？一起看看吧。

住宅里会出现这些情况……

玻璃破碎
马桶用不了
外墙剥落
浴缸用不了
钢琴摇晃
床上的人
掉下来
门打不开
电话打不通
晾晒的衣物
纷纷掉落
碗橱倾倒
蛇逃出来
老鼠吓得乱跑
乌龟逃出来

学校里会出现这些情况……

大钟停摆
学生从攀爬架上掉下来
电视从架
子上掉落
钢琴倾倒
办公室
积木倒塌
老师摔倒
小狗乱跑
孩子们吓得
瑟瑟发抖

石膏像摇摇欲坠
美术教室
音乐教室
墙上的画像掉落
骨骼标本
“跳舞”
实验室
圆规飞起来
2年级1班
奖杯掉落
校长室
厨房
锅碗瓢盆
纷纷掉落
校长吓得大叫
地面开裂

商业街上会出现这些情况……

超市
M
鞋子和帽子乱飞
自动扶梯停止
电梯停止
电灯不亮
玻璃杯纷纷掉落
吊灯摇晃
模特儿倒下
广告牌坠落
超市
M
小鸟乱飞

如果在地下或乘坐地铁时遇到地震……
地下
浓烟喷涌
汽车撞到一起
自动售货机倾倒
地铁停运
电灯不亮
人们不知道该往哪里逃

银行
储蓄
外汇
××银行
电话打不通
广告牌坠落
自动取款机用不了
阿姨摔倒
浓烟往上飘，人要弯腰跑
桌子上的东西
纷纷掉落
厨师慌了手脚
寄存柜倾倒
老爷爷炸鸡
人形广告牌倒下
人从楼梯上
跌下来
地下商业街
拉面
可乐饼
烧卖饺子
自动扶梯停止

发生地震后，海上可能会出现海啸。

小船、帆船被海浪卷走
冲浪的人被
抛到半空
渔港市场
地基软化，楼房倾倒
渔港市场倒塌
水从下水道喷出来
商店
章鱼很害怕
桥梁倒塌
港口海鲜直送
停在港口的汽车被冲走
物品随波逐流

山脉、河流会变成这样。

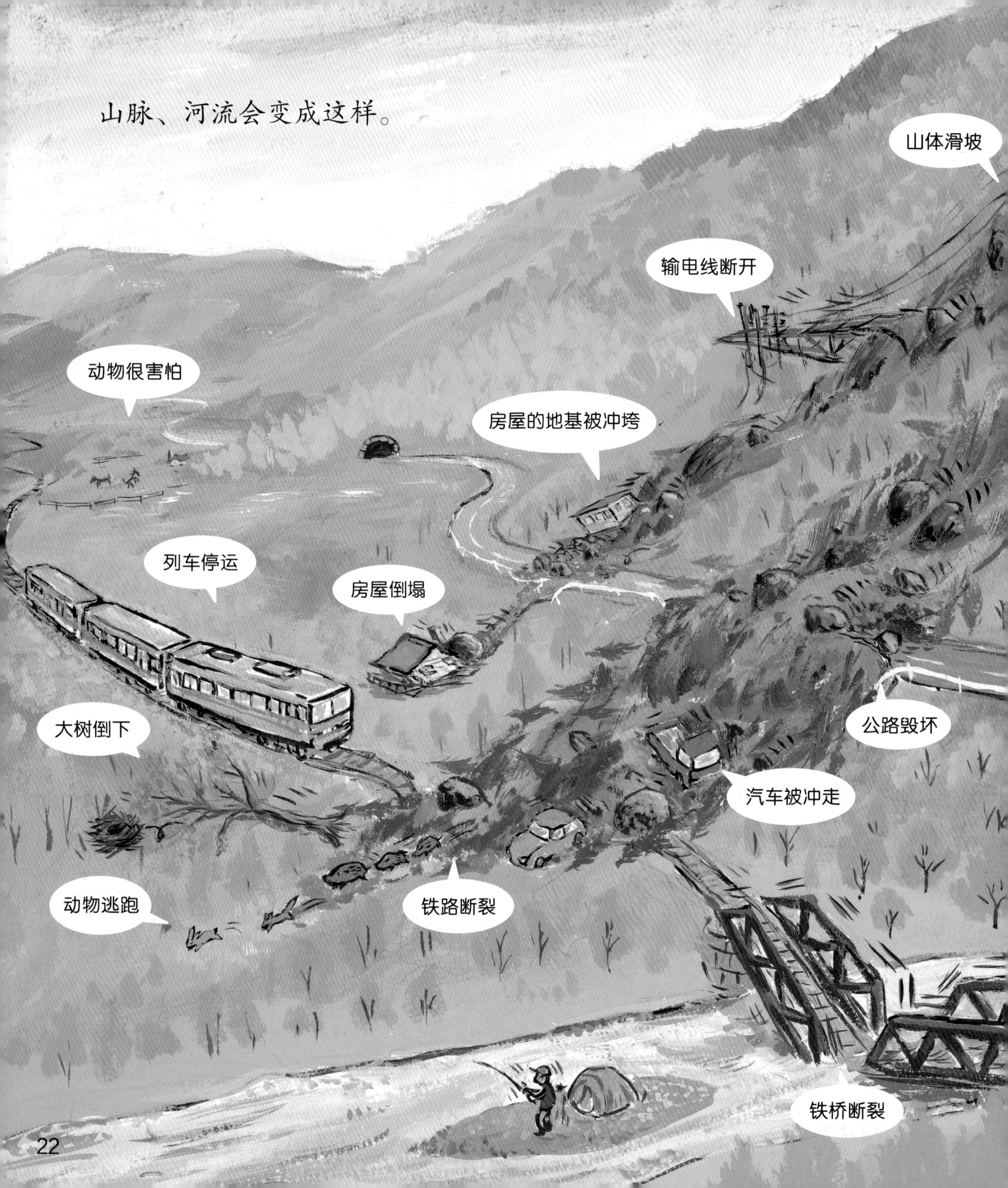

山体滑坡
输电线断开
动物很害怕
房屋的地基被冲垮
列车停运
房屋倒塌
大树倒下
公路毁坏
汽车被冲走
动物逃跑
铁路断裂
铁桥断裂

水坝很危险
山路毁坏
隧道堵塞
在日本，任何地方都有可能发生地震。为了减少地震造成的损失，我们要预先做好各种准备。

在家里要做好各种准备。
用固定工具支撑天花板，
或用箱子填充空隙
用L形固定工具把橱柜固
定在墙壁上，防止倾倒
给柜门加上安全扣，
防止餐具飞出来
塞上橡胶垫，防止
橱柜向前倾倒
准备好便笺，用来
写各种备忘信息
门口不要
放杂物
铺上厚地毯，掉落的玻璃
就不会四处飞溅

用链条固定空调
换上阻燃窗帘
不要在阳台上
放很多东西
铺上摩擦力大的软桌
垫，花瓶就不容易倒
固定钢琴，防止晃动
把电视固定在墙上
及时检查灭火
器的使用期限

不过，即使做了这些准备，真的遇到地震时，我们还应该怎么办呢？如果在室内，可以钻到桌子、椅子下面。

①像西瓜虫一样把身体蜷缩起来，找东西护住头。

②保持不动，直到摇晃停止。

③摇晃停止后，立刻关闭燃气灶。*

④查看大家有没有遇到危险。

最重要的是保护好自己。

* 如果地震发生时，正好在燃气灶附近，应马上关闭阀门，防止燃气泄漏。

如果在室外时遇到地震，我们该怎么办呢？

①找东西护住头，防止被掉下来的广告牌、碎玻璃等砸到。

②断开的电线、快要倒的围墙、可能坍塌的地方等，都很危险，不要靠近。

③迅速跑到开阔的地方，比如公园、学校操场等。

平时准备好这些东西，

遇到地震就不会那么慌张了。

手电筒
收音机
药品
餐巾纸
便携马桶
卷纸
电池
暖宝宝
哨子
笔记本
火柴
保鲜膜
打火机
口罩
防灾头套
水
圆珠笔
塑料袋
劳动手套
罐头
毛巾
报纸
衣服
安全帽
食物
巧克力
现金
手机
这本图画书
牙刷
袜子
应急
背包
也不要装太多东西，
不然可就背不动啦。
伞

真希望我们永远都不会遇到地震。

不过，在生活中，地震也许会突然发生，

所以，要做好全面的应急准备。

不管什么时候遇到地震，都应该沉着应对，

并且告诉自己：“加油，努力活下去！”

让孩子从小树立防灾意识

监修 / 国崎信江（日本危机管理对策顾问）

孩子是游戏的天才，他们会在日常的游戏中积累小小的发现，学习各种各样的知识。孩子小时候在快乐中习得的知识、通过亲身实践获得的经验，长大后也很难忘记。这些知识和经验会对孩子以后的思想、行动产生深远的影响。所以，在孩子小的时候向他们传授防灾对策，可以让他们成长为具有防灾意识的人。家长不可能一直在孩子身边，所以发生紧急情况时，家长或许无法立刻出现保护孩子。在这样的情况下，让孩子学会自我保护，培养他们的生存能力，便尤为重要。

不过，如果教导的方法不对，容易让孩子产生不好的印象——他们会觉得防灾“很麻烦”“真无聊”“太累人”等。这些印象产生后，再想消除，会花费很多工夫。防灾教育的基础是环境。如果家庭、学校、其他公共场所都采用同样的做法，比如把家具、电器等固定起来，那么孩子就会觉得这些做法是理所当然的，他们长大后自然也会延续这些防灾对策。

也许有人会问，平时可以用防灾绘本、画册等让孩子对地震产生直观的印象，那么，如何让他们学会在真正发生地震时保护自己呢？这可以通过以解决问题为目标的模拟训练来实现。为了不让防灾教育流于形式，要注重引导孩子在日常生活中树立防灾意识。他们即使现在不能理解做这些事情有什么意义，但等长大以后自然会明白。因此，家庭、学校应当有意识地将防灾教育巧妙地纳入孩子们的日常生活中。

《啊，地震了！》这本书通俗地解释了为什么会发生地震，也描绘了地震时家里和外面会出现什么情况。亲子共读时，每翻过一页，都可以询问孩子“发生了什么？”，促使孩子去发现和思考。通过反复阅读，让孩子强化记忆。期望这本书能为培养孩子们的生存能力提供帮助。

作者简介

文 / 金子章　1948 年出生于日本新潟县，明治大学文学系毕业。曾在出版社担任童书编辑，后成为自由职业者。作品有《江之电：向光飞驰》《乘上江之电：哐当哐当哐当——》《猫头鹰森林》等。

绘 / 铃木守　1952 年出生于日本东京，东京艺术大学工艺专业肄业。主要绘本作品有“黑猫三五郎”系列、“汽车嘟嘟嘟”系列、“神奇的迁徙之旅”系列等。此外，作为鸟巢研究专家，著有《鸟巢的智慧》《鸟巢的秘密》《鸟巢的故事》等作品。

图书在版编目（CIP）数据

啊，地震了！/（日）金子章文；（日）铃木守绘；丁丁虫译. — 青岛：青岛出版社，2022.2
ISBN 978-7-5552-3178-3

Ⅰ. ①啊… Ⅱ. ①金… ②铃… ③丁… Ⅲ. ①地震－儿童读物 Ⅳ. ① P315-49

中国版本图书馆 CIP 数据核字（2021）213656 号

书 名	A，DIZHEN LE！ 啊，地震了！
文 字	[日]金子章
绘 图	[日]铃木守
翻 译	丁丁虫
出版发行	青岛出版社
社 址	青岛市崂山区海尔路 182 号（266061）
本社网址	http://www.qdpub.com
邮购电话	0532-68068091
责任编辑	刘倩倩
特约编辑	刘炳耀
封面设计	桃 子
照 排	青岛可视文化传媒有限公司
印 刷	青岛名扬数码印刷有限责任公司
出版日期	2022 年 2 月第 1 版 2022 年 2 月第 1 次印刷
开 本	12 开（787 mm × 1092 mm）
印 张	3.5
字 数	44 千
印 数	1—6000
书 号	ISBN 978-7-5552-3178-3
定 价	45.00 元

编校印装质量、盗版监督服务电话 4006532017 0532-68068050